Deutsche Vorträge Hamburgischer Professoren

5.

Friedrich Keutgen

Britische Reichsprobleme und der Krieg

30. Oktober 1914

Hamburg
L. Friederichsen & Co.
(Dr. L. u. R. Friederichsen)
1914

Preis 50 Pfennig

Der Reinertrag ist für die Hamburgische Kriegshilfe bestimmt

Kaum etwas hat beim Ausbruch des jetzigen Krieges die Seele des deutschen Volkes so leidenschaftlich erregt, wie die Haltung Englands.

Daß Frankreich seit 1870 nach Rache dürstete für die Niederlagen, die wir ihm damals beibrachten, wußten wir. Auch daß seit zwanzig Jahren ein Bündnis mit Rußland ihm die Verwirklichung seiner Hoffnungen ermöglichen sollte: mit jenem Rußland, das trotz unserer unermüdlich russenfreundlichen Politik uns schon seit langem nicht wohl wollte.

Aber, daß auch das uns sprach- und kulturverwandte England sich auf die Seite dieser Beiden stellte, das war und ist noch heute weiten Kreisen unseres Volkes unverständlich. Zumal hier in Hamburg; aber auch unter den deutschen Gelehrten und sonst bei manchen führenden Männern im Reich war eine weitgehende Vorliebe für England eingewurzelt, die hervorgewachsen war teils aus persönlichen Beziehungen, teils aus intimerer Kenntnis dessen, was das britische Volk daheim und draußen in der Welt Großes für die Kultur geleistet hat. In diesen Kreisen war der Schmerz bitter, daß Tatsache geworden sein sollte, was sie stets als unmöglich angesehen hatten: ein Krieg zwischen Deutschland und England. Und sie fühlten sich enttäuscht in allem, was sie seit langem für wahr gehalten hatten, und tief verwundet. Man konnte in den Tagen vor der Entscheidung auch wohl Worte hören wie: „wenn nur England neutral bleibt, dann ist alles gut."

Und doch, meine verehrten Mitbürger, durch das deutsche Volk im Ganzen ging es wie eine Erlösung, als es hieß: „auch England hat uns den Krieg erklärt!"

Gewiß, das mußte sich jeder sagen: ein Krieg mit England ist etwas Gewaltiges: es wird den an sich schon schweren Kampf mit den anderen ins Ungemessene steigern. Und dennoch jenes Gefühl der Erleichterung, der Befriedigung, der grimmen Freude! Worauf beruhte das? Hatte jenes Gefühl nicht, über allen Widerspruch der Logik triumphierend, seine tief innere Berechtigung?

Ich möchte heute abend — auf einem Umwege zwar, aber vielleicht nur um so sicherer — zur Beantwortung dieser Frage vordringen. Wir haben schon aus berufenem Munde über die vielfachen Beziehungen der beiden Völker, des deutschen und des englischen, vernommen. Wofür ich Sie heute um Gehör bitte, ist etwas anderes. Zunächst unabhängig von dem besonderen Verhältnisse zu uns möchte ich in die Probleme der britischen Politik von sich aus einzudringen suchen, wie sie sich im eigenen Reich und in der ganzen Welt den britischen Staatsmännern darbieten und von ihnen Lösung heischen im notwendigen Lebensinteresse des britischen Volkes: um dann zuletzt erst zu zeigen, wie auch unter diesem Gesichtspunkte sie uns treffen.

Es ist mit Recht einmal gesagt worden, daß notwendig die *äußere Politik* im *Mittelpunkte der Weltgeschichte* steht. Und wie wollte man sonst auch die Beziehungen der Staaten zu einander begreifen? Dennoch: wollen wir die Politik eines einzelnen Staates *an sich* und *als Ganzes* verstehen, so werden wir ausgehen müssen von seiner *inneren Politik*, von den Problemen, die ihm seine innere Entwickelung stellt, den Sorgen, die seine Leiter daheim bedrücken. Ganz besonders wird das bei einem Staate in insularer Lage der Fall sein. Freilich: nur allzu oft pflegt die äußere Politik ihre eigenen Wege zu gehen, bis plötzlich eines Tages von ihr verschuldetes Unheil über das friedliche Lebenswerk der Nation zerstörend hereinbricht.

* * *

Um die Mitte des 19. Jahrhunderts befand sich Britannien in einer Verfassung, mit der es im ganzen zufrieden sein durfte. Dank den großen Erfindungen des 18. und frühen 19. Jahrhunderts und dank der Freiheit, die sie genossen, während Napoleon das Festland knebelte, hatten seine Industrie und sein Handel einen weltbeherrschenden Aufschwung genommen. Auch die Lage der Fabrikarbeiter, die in den ersten Stadien einer solchen überhasteten Entwicklung unvermeidlich eine elende sein wird, hatte sich zur Zufriedenheit gewandelt, seitdem man die Zölle auf Getreide und andere zum Leben nötige Dinge abgeschafft, Arbeiterschutzgesetze eingeführt, und den

Arbeitern ein verbessertes Stimmrecht und das Koalitionsrecht gewährt hatte.

Nur die irische Frage machte den Staatsmännern noch schwere Sorgen, indes neue Probleme sich ankündigten.

Seit den siebziger Jahren jedoch war eine flaue Konjunktur eingetreten, die sich von den früheren periodischen Wirtschaftskrisen durch ihre Dauer unangenehm unterschied. Es ist menschlich, in solchem Falle zunächst den Nachbar verantwortlich zu machen. Und diesmal lag das besonders nahe, da ja auf dem Festlande Europas seit 1870 in dem mächtigen Deutschen Reich ein ganz neuer Nachbar aufgetreten war, dem es im Laufe der Jahre immer besser zu gehen schien. Seinen politischen Absichten, wenn man sie nach dem Maße älterer kontinentaler Militärmächte beurteilte, konnte man auch nur Mißtrauen entgegenbringen.

Indessen konnte es doch nicht fehlen, daß nachdenkliche Staatsmänner sich die Frage vorlegten, ob nicht die englische Wirtschaftspolitik selbst falsch orientiert, ob sie der veränderten wirtschaftlichen Weltlage noch angemessen sei. Überall in der Runde sah man die Länder sich mit erhöhten Zollmauern umgeben. War es richtig, daß Britannien allein am Freihandel festhielt? Mit diesen Fragen verquickten sich alsbald Gedanken ganz anderen Ursprungs, und wir kommen damit zu einem neuen Kapitel der englischen Wirtschafts- und Reichsgeschichte.

In dem Mittelpunkte dieses Kapitels steht die Gestalt Joseph Chamberlains.

Im Gegensatz zu der fast ausschließlichen Mehrheit der britischen Staatsmänner war Chamberlain nicht aus den Kreisen der Aristokratie und der akademisch-juristisch Gebildeten hervorgegangen. Schon als achtzehnjähriger Junge hatte er die selbständige Leitung einer Filialfabrik seines väterlichen Geschäftes übernommen und nach einer Reihe von Jahren alle Konkurrenten niedergekämpft. Später, zum Bürgermeister von Birmingham erwählt, erwarb er sich die dauernde Dankbarkeit dieser rapide wachsenden Stadt durch die meisterhafte Neuordnung ihrer Verwaltung in allen ihren Zweigen. Als er sich dann ins Parlament entsenden ließ, brachte er Anschauungen aber auch Fähigkeiten mit, die dem traditionellen vornehmen britischen Staatsmann in der Hauptsache fremd waren. Radikal, wollte er alles, was die Lebensbedingungen der Massen betraf, von Grund aus reformieren. Noch schneidender als sein Radikalismus aber war sein Ehrgeiz. Und als der alte Gladstone bei der Lösung der Home Rule-Frage nicht dem ihm wenig sympathischen Chamberlain die führende Rolle anvertraute, schwenkte dieser zu der konservativen Partei hinüber. Dort übernahm er, wohl um nicht öffentlich seinen radikalen Grundsätzen ins Gesicht schlagen zu müssen, aber doch auch weil ihn hier neue großartige Aufgaben lockten, das Kolonialamt.

Dieses Ministerium war bisher eines der Stiefkinder der britischen Verwaltung gewesen. Wer von den englischen Ministern verstand denn etwas von kolonialen Dingen? Während der längsten Zeit des 19. Jahrhunderts hatte man von Kolonien überhaupt möglichst wenig wissen wollen. Man betrachtete sie als eine Last, die, wenn irgend möglich, nicht vermehrt werden dürfe. Man scheute die Verantwortlichkeit. Und unter dem Einfluß damals gläubig aufgenommener Lehren meinte man ihren Wert rein rechnerisch einschätzen zu müssen. Auch unter diesem Gesichtspunkt hat man sich noch erstaunlich verrechnet. Der reine Praktiker pflegt ja kurzsichtig zu sein. Und so veranschlagte man bei Indien gegenüber den Ausgaben, die Verwaltung und Kriege verursachten, nicht entfernt den ungeheuren Wert, den es für die britische Volkswirtschaft bedeutete. Man träumte — wie so manche Leute in Deutschland damals auch —, daß dem segensreichen Handel normalerweise alle Tore sich von selbst öffnen müßten; daß es unsittlich sei, unzivilisierte Völker ihrer Freiheit zu berauben, anstatt sie dem friedlichen Einfluß der Missionare allein zu überlassen. Mit Blut erkaufte und schon von Weißen besiedelte Landstriche hat man den Sulus zurückgegeben. Aus Furcht vor Verantwortlichkeiten und Kosten anerkannte man 1852 und 1854 die beiden Burenrepubliken; und 1881 wurde auf die Wiedereroberung von Transvaal verzichtet, die sich damals weit leichter hätte durchführen lassen als zwanzig Jahre später.

Indes diese blasse Politik wurde wieder und wieder durchkreuzt durch die Taten kühner Männer mit und ohne Amt draußen an Ort und Stelle. Sie wußten besser, was ihrem Vaterlande frommte, und erkannten deutlicher, daß und wie gehandelt werden mußte, wenn nicht der Besitzstand des Reiches vernichtet, und nicht nur das Wirtschaftsleben, sondern auch das politische Ansehen Britanniens unwiederbringliche Einbuße erleiden sollten. Und viele der Besten unter ihnen waren darüber hinaus sich der Kulturmission bewußt, die ihm oblag.

Solchen Männern haben ja auch wir zum größten Teile den Besitz unserer Kolonien zu verdanken.

Solche, oft sehr eigenwillige Männer haben nicht allein in neuerer Zeit Großbritannien seine gewaltige südafrikanische Herrschaft eingebracht: Cecil Rhodes nenne ich nur. Sondern auch das britische Reich in Vorder-Indien ist im wesentlichen ihr Werk: das Werk der Vizekönige und ihrer Beamten. Sie sind es gewesen, die einen einzigen festen Frieden, eine pax Britannica, errichteten in einem Lande mit einer Bevölkerung so groß wie die Europas ohne Rußland und weit bunter zusammengesetzt; sie, die in stets zunehmendem Umfange für gutes Recht und gute Verwaltung sorgten und so manche orientalischen, wenn auch dem Volke oft lieben, Methoden und Unsitten beseitigten. Sie haben die furchtbaren Epidemien und Hungersnöte, die von Zeit zu Zeit die allzu dichte, aller Hygiene mit tiefem Mißtrauen gegenüberstehende und von den eigenen Landsleuten — wir kennen sie ja in Ostafrika — ausgewucherte Bevölkerung heimsuchen, mit wachsendem Erfolg bekämpft. Und sie haben von den ersten Zeiten an gerungen mit dem Problem der Schul- und Universitätsbildung: einem schier unlösbaren unter den kulturfremden und religions-vielgestaltigen Völkern. Und alles das meist ohne das Zutun der heimischen Regierung, ja oft im Kampfe gegen deren Ansprüche und die wirtschaftspolitischen Forderungen Englands selbst. Wo die Londoner Regierung, sei es in Indien, sei es in dem übrigen weiten Kolonialbereich, sich sporadisch einmischte, da gereichte es in den meisten Fällen zum Unheil.

Jene Zeit scheinbar übergroßen, in Wirklichkeit schwächlichen Verantwortungsgefühls bei den heimischen britischen Staatsmännern, die Biedermeierzeit der britischen Kolonialpolitik, ist im wesentlichen vorüber. Man mag sie ansehen als Durchgangszeit des Rückschlags gegen die Epoche der großen Kolonialkriege des 18. Jahrhunderts mit ihren Eroberungen. An Stelle der ängstlichen Berechnung des Gewinn und Verlustes Klein-Englands ist getreten der Blick für die Größe des Reiches und der Nation und der Sinn für die idealen Zusammenhänge. Und der Glaube an die ihm vor allen anderen Völkern von Gott anvertraute Kulturmission ist dem englischen Volke in Fleisch und Blut übergegangen.

So sind denn im letzten Viertel des 19. Jahrhunderts in England in wachsender Zahl Schriftsteller, Dichter wie Kipling, und Staatsmänner aufgetreten, die Verständnis zeigten für die Bedeutung eines gewaltigen überseeischen Kolonialreiches und für die Pflichten, die es dem Mutterlande auferlegt.

Sehen wir ab von den publizistisch tätigen Dilke, Seeley, Froude und anderen, so hat Benjamin Disraeli, später Graf von Beaconsfield, freilich auch er kein typischer englischer Aristokrat, zuerst wieder praktische Schritte in diesem Sinne getan: wenn auch mehr nur opportunistisch wie sein größerer Zeitgenosse Bismarck auch. Aber der erste, der als Minister eine förmliche Organisation des Kolonialreiches, d. h. in erster Linie der sich selbst regierenden Siedlungskolonien, in Angriff nahm, und der auch weitere Kreise dafür begeisterte, war Joseph Chamberlain. Es walteten jedoch bei ihm nur zum Teil dabei höhere politische Gedanken vor. Gewiß hat das ideale Streben, einen engeren Verband aller Lande britischen Volkstums zu schließen, auch ihn beseelt: diese gewaltige Nation und ihr Reich nicht unter dem Selbständigkeitstrieb seiner Glieder einfach auseinanderfallen zu lassen, wie es die älteren Staatslehrer als unvermeidliches Ende der Entwicklung gelehrt hatten. Aber übermächtig äußerte sich doch auch schlechthin sein Organisationsdrang: die Richtung seines Geistes, die ihm auch das aufwärtsstrebende Deutschland sympathisch machte. Man hat wohl gesagt, das Britische Reich war ihm nur ein größeres Birmingham. Wie zuerst in seiner Fabrik, dann in der großen Stadt, so sollte nun auch in dem weiten Kolonialreich, wo das meiste bisher dem Zufall überlassen geblieben war, alles in Ordnung und rechten Betrieb gebracht werden. Wenn früher die vornehmen Minister in Downing Street für die Anliegen der Kolonien und ihrer Vertreter selten Zeit gehabt hatten und noch weniger Verständnis, so wurde das jetzt gründlich anders.

Anfänge waren freilich schon gemacht. Der Beginn deutscher Kolonisation hatte die aufgescheuchten Kolonien selbst getrieben, engeren Anschluß an das Mutterland zu suchen, und 1887 zu einer ersten Konferenz von Kolonialvertretern mit denen der britischen Regierung in London geführt. Aber erst 1897 unter Chamberlain folgte die zweite, und von nun an weitere Konferenzen regelmäßig alle fünf Jahre, um die für die Einheit des Reiches wichtigsten Fragen zu beraten.

Indessen, so wie Chamberlain die Sache anfaßte, zeigten sich doch auch bereits ernste Gefahren: schon der Burenkrieg ist gutenteils verschuldet worden nicht nur durch seine rücksichtslose Manier, sondern auch seinen doktrinären Geist. Aber darüber hinaus und viel allgemeiner: ein ähnlicher Versuch, das Kolonialreich zu organisieren, als zum ersten Mal nach dem Siebenjährigen Kriege diese Aufgabe an England herangetreten war, war es ja gewesen, was unmittelbar den Verlust der alten amerikanischen Kolonien herbeigeführt hatte, die sich keiner Organisation fügen wollten.

Jetzt, unter Chamberlains Leitung, sollte es sich handeln wie damals: erstens um die wirtschaftliche Organisation: dann um gemeinsame Reichsverteidigung. Mit den Plänen einer wirtschaftlichen Reichsorganisation aber verquickten sich jene Gedanken an eine Neu-Orientierung der eigenen englischen Wirtschaftspolitik. Der britischen Landwirtschaft sollte durch Zölle geholfen werden, während man den Kolonien Vorzugszölle gewährte.

Aber wenn Chamberlain auch bei seiner Partei mit seinen Ideen in ziemlich weitem Kreise Anklang fand, und »tariff-reform« ihr Schlagwort wurde, so litt sein Plan doch an radikalen Fehlern. Man konnte nicht gleichzeitig die Woll-, Fleisch- und Getreideeinfuhr der Kolonien nach England fördern und den britischen Farmer dagegen schützen. Durch die den Arbeitern als Folge der Zölle versprochenen höheren Löhne würde der britischen Industrie der Wettbewerb im Ausland noch mehr erschwert worden sein. Endlich wollten auch die Kolonien nicht bloß Produzenten von Rohstoffen bleiben. Und das noch vom Parlament in Westminster abhängige Indien hatte wieder seine eigenen Interessen. Im Grunde würde das Chamberlain'sche System, wenn es sich hätte verwirklichen lassen, nicht viel anderes bedeutet haben, als eine Wiedererweckung des alten Merkantilsystems in moderner Form, das einst so wesentlich zur Unzufriedenheit der verlorenen amerikanischen Kolonien beigetragen hatte. — Durchaus irrtümlich aber ist die heute bei uns hie und da verbreitete Meinung, als ob dadurch für den Frieden mit Deutschland etwas gewonnen gewesen sein würde.

Der Umschwung kam mit einem allgemeinen Umschwung der wirtschaftlichen Verhältnisse in der ganzen Welt. Im 20. Jahrhundert nahm auch der britische Handel einen neuen glänzenden Aufstieg. Mochten manche Industrien und zahlreiche Einzelne unter dem fremden Wettbewerb dauernd schwer leiden, so triumphierte doch im Ganzen wieder die Lehre vom Freihandel. Das landwirtschaftliche Problem will der neue Finanzminister Lloyd-George, ein Mann aus dem Volke, durch Schaffung eines Kleinbauernstandes lösen. Und die Idee des Wirtschaftsverbandes mit den Kolonien blieb im Stadium gewisser Zollvergünstigungen stecken, die einige der Kolonien ihrem Mutterlande, jedoch ohne System, geglaubt hatten machen zu können.

Da jedoch jeder Gedanke an Zwang diesmal sorgfältig vermieden worden war, so hatten die fortgesetzten Verhandlungen den wesentlichen Erfolg gehabt, die Beziehungen der Kolonien zum Mutterlande immer herzlicher zu gestalten und den Wunsch nach Wahrung eines, bei aller Freiheit der einzelnen Glieder, doch engen Zusammenhaltens immer wärmer werden zu lassen. Der Güteraustausch belebte sich. Vor allem aber zeigte sich der Erfolg in der Frage der Reichsverteidigung.

Freilich gegenüber einer förmlichen Reichsorganisation verhielten sich die Kolonien auch in diesem Punkte zurückhaltend.

Wohl haben sie sich bereit gezeigt, für die eigene Verteidigung, und damit auch die des Reiches, Lasten zu übernehmen durch Aufstellung von Milizen und Beschaffung einer Anzahl Kriegsschiffe. Allein, diese Kriegsschiffe, die sie am liebsten sogar selbst bauen möchten, der Reichsflotte einzuordnen, dazu lassen sie sich nicht herbei. Sie wollen die Verfügung darüber selbst behalten, jedenfalls, so lange sie nicht über die äußere Politik des Reiches mit zu Rate gezogen werden.

Aber einmal kann die äußere Politik eines großen Staates nur von einer einzigen Stelle aus gemacht werden, höchstens von einer ganz kleinen Gruppe verantwortlicher Männer: einem erweiterten Ausschuß von einiger Selbständigkeit der Mitglieder kann man nur im allgemeinen in den Stand Einblick gewähren, wie etwa unserem Bundesratsausschuß für die auswärtigen Angelegenheiten. Sodann bedingen die ungeheuren geographischen Abstände und natürlichen Verschiedenheiten vielfach abweichende Interessen der Kolonien unter einander und von dem Mutterland.

Und dennoch hat eben hier sich schon zweimal die Bedeutung der Pflege der idealen Einheit der britischen Gesamtnation gezeigt. Während des Burenkrieges und jetzt zum zweiten Male haben die Kolonien durch die Tat bewiesen, daß sie, ohne nach formalen Verpflichtungen zu fragen, gewillt sind, in der Stunde der Not ihrem Mutterlande beizuspringen.

Und zu den Kolonien mit Selbstverwaltung gesellt sich nun auch **Indien**. In dem Kampfe gegen das Burenvolk hatte England die Mitwirkung eingeborener indischer Truppen verschmäht. Es war ein „Sahibs' war:" ein Krieg der weißen Herren unter sich. Heute ist es anders. Und anders nicht nur, weil die Not zwingt auch ungewohnte Kampfmittel aufzubieten. Sondern, wie auch nationale Fanatiker und die dumpfen Massen empfinden mögen: jeder seiner Verantwortung sich bewußte indische Politiker weiß, daß sein Heimatland unter englischer Herrschaft immer noch am besten aufgehoben ist: weit besser als unter russischer; während eine Befreiung nur einen Kampf Aller gegen Alle in Indien selbst bedeuten würde mit erneuter europäischer und auch wohl japanischer Einmischung. Sie streben aber nach immer erweiterter Beteiligung an der Regierung, die ja auch im letzten Jahrzehnt erhebliche Fortschritte gemacht hat. Und deshalb wollen auch sie ihre Treue gegen das Reich beweisen. Und in der von England zugleich geforderten und erlaubten Beteiligung an dem europäischen Kriege begrüßen sie ein politisches Mannbarwerden, eine Aufnahme in die europäische Völkergemeinschaft und ein Pfand für die Gewährung neuer politischer Rechte.

So hat in der Tat der innerliche Zusammenschluß des Reiches in allen seinen Teilen seit dem Burenkriege höchst bedeutsame Fortschritte gemacht.

Jedoch eben Indien und die Straße dahin, das sind die **schwachen Stellen** in der Rüstung des Reiches im Ganzen. **Wer** sie bedroht, seit langem und immer gefährlicher bedroht hat, braucht kaum gesagt zu werden: es ist **Rußland**. **Im Vergleich mit dieser Gefahr**, die den wertvollsten Besitz Großbritanniens in Frage stellt, seinen eigentlichen **Lebensnerv**; einer Gefahr, die außerdem durch die Natur der Dinge eine dauernde, stets zunehmende und sich erneuernde ist und bleiben wird: im Vergleich mit ihr **muß Alles, was etwa von dem Wettbewerb der deutschen Industrie und des deutschen Handels drohte, und sogar das, was von der wachsenden deutschen Flotte zu drohen schien, in den Schatten treten.**

Das Verhältnis zu **Rußland** also war in den äußeren Beziehungen des Britischen Reiches das **Kernproblem**.

Mochte **Rußland** durch seinen Einfluß über die Balkanhalbinsel den Weg nach Indien gefährden; mochte es durch Ausbreitung im fernen Osten eine Vorherrschaft über China anzustreben scheinen; mochte es endlich in Mittelasien nach Indien und dem Persischen Meerbusen vorstoßen: überall waren britische Lebensinteressen in Mitleidenschaft gezogen. Rußland war und blieb der eigentliche Feind, und ein Feind, der eine ungeheure, kompakte Macht an jedem der drei Punkte zur Geltung bringen konnte. Höchstens aber am Bosporus und im Schwarzen Meer konnte der Fisch dem Bären ernstlich zusetzen. Er mußte sich also nach einem Bundesgenossen umsehen, der irgendwo besser dazu in der Lage war: nur mußte der ähnliche Interessen haben. Mit Frankreich war Englands Verhältnis gespannt; Frankreich stand mit Rußland seit 1894 im Bündnis: es lag nahe, Deutschland sich als Freund auszuersehen. Die deutsch-russischen Beziehungen waren seit langem nicht mehr die alten freundschaftlichen. Das gab sich ja schon ganz offen in dem russisch-französischen Bunde kund. Rußland glaubte sich auf dem Balkan von Deutschland nicht nur im Stiche gelassen, sondern es erkannte in ihm auch mehr und mehr den Rückhalt für die vorwärtsdrängende österreichische Politik. Deutschland andererseits hätte vielfachen Grund zur Klage gehabt, vor allem wegen der Mißhandlung seiner baltischen Stammesgenossen. Und an Chinas Freiheit und Gedeihen hatte es ein nicht viel geringeres Interesse als England selbst.

Allein Deutschland wies die kurz vor und noch zweimal während des Burenkrieges (zuletzt bald nach dem Regierungsantritt König Eduards VII.) dargebotene englische Hand, soweit Rußland in Frage kam, zurück. So vielfachen Anlaß es hatte, Rußland zu grollen: es war entschlossen, so viel an ihm lag, an der überlieferten russenfreundlichen Politik festzuhalten. Es wollte nicht Gefahr laufen, um Dinge willen, die seine eigenen Lebensinteressen weniger trafen, zur Unzeit sich in einen Krieg mit Rußland und seinem Bundesgenossen Frankreich verwickeln zu lassen. Das war vielleicht keine sehr kühne Politik; aber es blieb die gegebene.

Von Deutschland also abgewiesen, fand England einen Verbündeten an Japan, der neuen ehrgeizigen Großmacht, für die bei Rußlands Vordringen in der Mandschurei noch ganz andere Interessen auf dem Spiele standen, als für irgend eines der europäischen Völker (1902). Friedliche Vermittlung der Gegensätze, wie es scheint, verschmähend, stürzte sich Japan in den Krieg (Februar 1904). Rußland wurde besiegt, seine Gefährlichkeit an diesem Punkte erheblich vermindert.

Aber eben doch nur in Ostasien war damit für England etwas gewonnen. Auch die Revolution, die Rußland um diese Zeit durchtobte, hat dessen Handlungsfähigkeit nach außen nur zeitweise und unerheblich geschwächt. Im fernen Osten zurückgeworfen, wandte es seine Aufmerksamkeit von neuem dem mittleren Asien zu, in Persien und in Tibet. Ungemein selbsttätig sind ja auch die russischen Generale und Diplomaten an der Peripherie des Reiches: gelingen ihre Anschläge, so werden sie von der Regierung gutgeheißen, mißlingen sie, verleugnet. Was das gerade in Mittelasien heißen wollte, davon besaß England schon seit den dreißiger Jahren Beweise mehr als genug. Russischer Wühlarbeit hatte es zwei außerordentlich verlustreiche Kriege mit dem unabhängigkeitsstolzen Gebirgsvolk der Afghanen zu verdanken gehabt. 1895 aber war ein Krieg mit Rußland selbst unmittelbar vor der Tür gestanden, nachdem dieses das Pamir-Plateau, das sog. Dach der Welt, an den Eingängen Indiens besetzt hatte und selbst den Hindukusch bedrohte. Vielleicht noch gefährlicher war das Vorschieben der russischen Eisenbahn bis hart an die afghanische Nordgrenze. Und immer mehr zog es Persien diplomatisch in seinen Machtbereich, seit 1900 selbst Seistan an der afghanischen Südwestecke. Aber ein möglicher Bundesgenosse ließ sich für England hier nirgends erblicken. Denn die Bedingung japanischer Hilfe auch für diese Gegenden, an sich von zweifelhaftem Wert, hatte in Indien böses Blut gemacht und nur von neuem den Beweis geliefert, wie wenig man auch jetzt noch in London von den indischen Dingen verstand.

Unter diesen Umständen blieb nur ein Ausweg: die Politik des Schwachen. Man mußte mit dem Gegner selbst ein Abkommen treffen, das einen längeren Frieden zu verheißen scheinen mochte. Eine solche Politik der Schwäche — man wird erinnert an die Preußens von 1795—1806 — muß notwendig schließlich einmal zu einer Katastrophe führen. Man darf sie daher als in ihrem innersten Kerne unsittlich bezeichnen, selbst wenn die Umstände zu ihr zwingen.

„Die Lehre des Burenkrieges, die groß auf jeder seiner Seiten geschrieben steht", so hat der Kolonialhistoriker Egerton gesagt (A Short History of British Colonial Policy, S. 494), „ist die, daß ein gewaltiges überseeisches Kolonialreich, das nicht als letzten Rückhalt militärische Kraft besitzt, eine Seifenblase ist, die nur darauf wartet, angestochen zu werden."

Diese Lehre hatte das englische Volk, da damals Alles zuletzt gut abgelaufen war, *noch nicht sich entschließen mögen zu lernen*.

Der Weg nun zu dem Abkommen mit Rußland konnte nur über Rußlands Freund *Frankreich* gehen.

Mit Frankreich war, wie gesagt, das Verhältnis gespannt. Bis 1881 hatten beide Regierungen, die französische und die englische, gemeinsam eine Aufsicht über die Finanzen *Ägyptens* geführt, die durch die wahnsinnige Verschwendung des Khediven Ismail, zum Schaden der europäischen Gläubiger, in heillose Verwirrung geraten waren. Durch *Gambetta*, der schon damals kein Opfer zu hoch hielt für ein Bündnis mit England (Cromer, Modern Egypt, I, S. 302), und seinen Nachfolger *Freycinet*, hatte sich *Gladstone* endlich sehr wider Willen zu gemeinsamer Unterdrückung einer Militärrevolte entschlossen, die soeben in Ägypten ausgebrochen war. Allein sofort sah sich der französische Minister in der Kammer gestürzt: wie noch jeder, der seit 1871 erhebliche Streitkräfte der Nation in Abenteuern außer Landes festzulegen und daher ihrer Verwendbarkeit an den Vogesen zu entziehen schien.

So war England nichts übrig geblieben, als allein das Nilland zu besetzen und besetzt zu halten, zunächst bis die erstrebte Ordnung im Lande hergestellt, die Finanzen gesundet sein würden. Dann aber war es nötig geworden, Ägypten gegen die vom Sudan drohende religiöse Revolution des Mahdi zu schützen, und deshalb endlich diesen selbst zu unterwerfen. Die gar nicht zu überschätzende Bedeutung Ägyptens für die Sicherheit des Weges nach Indien leuchtet ohne weiteres ein. Aber auch hiervon abgesehen: die Räumung des Landes würde nur einen Wiederausbruch der Anarchie bedeutet haben und die Notwendigkeit erneuten Eingreifens. — Ägypten hat seit zweieinhalb Jahrtausenden *immer* fremde Herren ertragen.

Frankreich hatte noch einmal den Versuch gemacht — eben als *Kitchener* die Macht des Khalifen vernichtete —, sich, von seinem Westafrikanischen Kolonialreich aus, am Oberen Nil festzusetzen, bei *Faschoda* (1898). Aber auf den drohenden Einspruch Englands hin hatte es verzichtet. Die Position war verloren.

Delcassé ist es nun gewesen, der, zuerst von dieser Einsicht ergriffen, seinem Vaterlande einen solideren Ersatz zu schaffen geplant hat in Marokko, dem Nachbarlande von Frankreichs Hauptkolonie Algerien. Marokko war ein über das Maß rückständiger, aber unabhängiger orientalischer Staat unter einem ganz unfähigen Herrscher. Jedoch bestand seit 1880 ein Vertrag unter den Mächten, der ihnen allen dort wirtschaftliche Gleichberechtigung sicherte. Wirtschaftliche Interessen hatte auch in Marokko nach England und Frankreich vor allem Deutschland, politische natürlich Spanien. Mit Spanien stand Frankreich auf dem Punkte, über Marokko einen Teilungsvertrag abzuschließen. England erhob Einspruch. Es war klar, daß man wenigstens Englands Zustimmung gewinnen mußte, wollte man mit diesen Plänen weiter kommen.

Und noch eins trat hinzu!

Auch das war immer deutlicher geworden, daß man mit Rußland allein nicht so bald zu dem eigentlichen Ziel und Angelpunkt aller französischen Politik seit 1871 gelangen würde: dem Rachekrieg, oder, wie man es öffentlich nannte, der Befreiung von dem unerträglichen Druck, den bei jedem Anlaß der übermächtige Nachbar an der Ostgrenze ausübte.

So kam denn, als England Neigung zur Annäherung zeigte, Delcassé ihm auf mehr als halbem Wege entgegen. Frankreich hörte auf mit den kleinen Schikanen, die es dem englischen Reformwerk in Ägypten bisher stets in den Weg gelegt hatte: dafür erhielt es, soweit England in Frage kam, freie Hand in Marokko (April 1904).

Und damit war für England denn auch der Weg geöffnet zum Einverständnis mit Rußland über Zentralasien.

Die Bedeutung dieses Punktes in der politischen Gesamtstellung der letzten Jahre wird häufig lange nicht genügend gewertet.

Es handelt sich an erster Stelle um das Abkommen über Persien vom 31. August 1907. Über Persien führte für Rußland der Weg zum Südmeer; eine Revolution, die seit 1906 im Reiche des Schahs ausgebrochen war, gewährte stets neuen Anlaß zur Einmischung.

Daß Persien Rußlands Macht anheimfiel, konnte England schon um der Sicherheit Indiens willen unmöglich hinnehmen. Dazu kamen gewaltige wirtschaftliche Werte, die neben andern besonders die Brüder Lynch, wahrhaft königliche Kaufleute, in Persien geschaffen hatten, und die in jenem Falle verloren gewesen sein würden. Aber das Abkommen wurde diesen Interessen keineswegs gerecht. Persien wurde in drei Zonen geteilt: fast die Hälfte des Landes (790000 qkm von 1645000, also um die Hälfte mehr als die Fläche des Deutschen Reiches) mit der Hauptstadt Teheran fiel Rußland als Einflußsphäre zu; nicht ganz ein Drittel blieb neutral, und nur etwa ein Fünftel, 355000 qkm, ließ sich England zuweisen, das wirtschaftlich wertloseste Gebiet im Ganzen. Die Rücksicht der militärischen Sicherung Indiens hatte bei der englischen Regierung allein obgewaltet. Es heißt, daß Kitchener, damals Oberkommandierender in Indien, gefragt worden sei, wie viel Land er mit seinen Streitkräften zu decken sich getraue. Danach wurde die Grenze gezogen, selbst als Flottenstützpunkt wichtige Inseln am Eingang des persischen Meerbusens blieben außerhalb (Lovat Fraser, India under Curzon and after, S. 131).

Dieses Vorwalten der strategischen Rücksichten ist für die richtige Einschätzung der ganzen Politik, die zu dem Abkommen geführt hat, besonders wichtig. Im übrigen hat ein gut Stück Gladstonesches Erbe, seine religiös gefärbte Vorliebe für Rußland, liberale Vertrauensseligkeit gegenüber Rußlands schönen Phrasen — ich erinnere auch an die merkwürdigen Unionsneigungen der anglikanischen Kirche zur russisch-orthodoxen — dabei mitgewirkt. Die Anglo-Indier waren ganz und gar nicht zufrieden.

Hier also liegt der Angelpunkt der Weltpolitik. Er liegt darin, daß das Weltreich Britannien nicht die Kraft in sich fühlte, dem Weltreich Rußland mit den Waffen entgegenzutreten, und daß es deshalb, als der Augenblick eines Zusammenstoßes mit ihm in unausweichbar greifbare Nähe getreten war, sich gezwungen sah, eine vollständige Schwenkung seiner Politik vorzunehmen.

Der wesentlich wirtschaftliche Gegensatz zu Deutschland aber, so tief er gefühlt wurde und so andauernd er neben allen politischen Wandlungen weiter bestand, war nicht der Anlaß zu dem politischen Frontwechsel Englands. Er wird ihn erleichtert haben; er ist bei dem Folgenden Untergrund, wirkt als Sauerteig. Aber er ist für die Politik im Ganzen nicht das primum movens. Er bildet keine unüberbrückbare Kluft. Schon die gewaltigen gemeinsamen gleichen wirtschaftlichen Interessen, die England und Deutschland doch auch wieder verbinden, stehen dem entgegen. Und so auch die politischen, die nicht aus der Welt geschafft sind.

Es versteht sich indes, daß von dem Augenblicke an, wo die Verschiedenheit des Standpunktes zwischen Deutschland und England über die Mandschurei zu Tage getreten war, das Verhältnis, das zwischen den Völkern schon sehr unfreundlich war, auch zwischen den beiden Regierungen mehr oder weniger gespannt wurde. Ebenso, daß man nun von englischer Seite die Aufgaben, die die neue Lage Deutschland gegenüber stellte, mit Eifer zu bearbeiten anfing, daß man, Hand in Hand mit den neuen Freunden, die Spitze seiner Politik allüberall nun gegen uns kehrte.

Jedoch verkehrt würde es sein, mit Hinsicht auf den heutigen Ausgang die Sache so aufzufassen, als ob England nun gewissermaßen zu Deutschland gesagt und danach seine Politik eingerichtet hätte: „wenn ihr nicht mit mir gegen Rußland wollt, so habt ihr Rußland und mich zugleich gegen euch; Rußland schwächen sollt ihr auf alle Fälle". Das würde Konstruktion sein. Alles weitere rollte sich vielmehr mit fast mechanischer Selbstverständlichkeit ab. England war nun in seiner Politik festgelegt. Es hatte sich durch seinen Anschluß an Frankreich und Rußland dem Teufel verschrieben: wann den Andern der Krieg gegen Deutschland passen würde, dann mußte es mit. (So auch Frobenius, Deutschlands Schicksalstunde, S. 45.)

Freilich in ein förmliches Bündnis mit unseren Feinden hat es sich nicht eingelassen. Seine Handlungsfreiheit hatte es sich in der Form gewahrt. Aber eben doch nur in der Form. Denn was half diese Freundschaft, die England nötig hatte, Rußland, was half sie Frankreich, wenn England ihnen, vor allem Frankreich, in seinen politischen Nöten nicht mit seiner Macht den Rücken stärkte? Deshalb bei jeder Gelegenheit die Betonung des herzlichen Einvernehmens, der warmen Freundschaft. So entspann sich der Marokko-Handel mit Deutschland, der schon so nahe zum Kriege führte, vor dem aber zuletzt jede Partei zurückschreckte.

Aber mehr noch: was half schließlich auch die nachdrücklichste diplomatische Unterstützung, wenn nicht für den Fall es doch zum Kriege kommen sollte, im voraus alle Abmachungen getroffen waren für das Zusammenwirken auch im Felde und zur See? Sie alle haben in den „Amtlichen Aktenstücken zur Vorgeschichte des Krieges", die von der Reichsregierung veröffentlicht sind, den „Berichten deutscher Diplomaten im Auslande," gelesen, wie eben auf diesem Wege England von Frankreich „mit immer engeren Maschen" verstrickt worden ist; wie schon 1911 die englische Regierung „sich als ebenso kritikloses wie gefügiges Werkzeug der französischen Politik erwiesen hat;" und dann der heißblütige, manchmal etwas kopflose Kelte Lloyd-George durch eine chauvinistische Rede „der französischen Regierung eine Handhabe geboten" hat, „um einen weiteren Nagel in den Sarg zu treiben, in dem die Ententepolitik die politische Entschließungsfreiheit Englands bereits gebettet" hatte. Wie fein, wie überlegt und überlegen die französischen Staatsmänner aber solche Verhandlungen zu führen verstehen, darüber muß man die eigenen Werke der Franzosen lesen, wie etwa Albins Vorgeschichte des französisch-russischen Bündnisses.

Hier war also sogleich Gelegenheit gegeben zu eifriger Betätigung für Kriegs- und Marineministerien, Generale und Admirale, hüben und drüben: eine Tätigkeit, die auch dem präsumptiven Gegner, uns, nicht verborgen bleiben konnte. Auch Belgien, durch dessen Gelände der Vormarsch der Heere von beiden Seiten in einem künftigen deutsch-französischen Kriege zu erwarten stand, wurde mit in diese Kombination hineingezogen, und damit seine Neutralität freilich von ihm selbst preisgegeben.

Ueberhaupt ist ohne weiteres klar, wie einmal durch eine ständige diplomatische Unterstützung, noch mehr durch ein militärisches Zusammenarbeiten auf den Fall hin die ganze politische Lage immer mehr gespannt und verschärft werden mußte. Stellung war damit genommen worden auf einer Seite der beiden großen Mächtegruppen, die, Gewehr bei Fuß, einander in Europa gegenüberstanden, — wovor England früher stets so eifrig sich gehütet hatte.

Und nun fehlte es natürlich auch in England nicht an Personen, die die so geschaffene Lage in ihrem Sinne ausnutzten und der Krisis zudrängten.

Das waren nicht die eigentlich für die Politik verantwortlichen Staatsmänner, denen die Handlungsfreiheit ihres Landes und die Erhaltung des Friedens nach wie vor am meisten am Herzen lagen. Auch König Eduard dem VII. hat man dabei und an dem sogenannten Einkreisungssystem, der Suche nach weiteren Bundesgenossen gegen Deutschland, gemeinhin eine viel zu ansehnliche Rolle zugeschrieben. Nach seiner gewissermaßen offiziellen Lebensbeschreibung von Sidney Lee in dem Dictionary of National Biography, wo seine Fähigkeiten gewiß nicht herabgesetzt sind, wird ihm gleichwohl jede wirkliche staatsmännische Begabung von denen, die ihn nahe persönlich kannten, abgesprochen, und selbst die Befähigung zu ernsteren diplomatischen Verhandlungen. Eigentlich hatte er Sinn nur für Familienbeziehungen, und die ließen sich ja freilich, für und gegen, politisch trefflich ausnutzen. Er selbst bezweckte mit seinen Reisen in erster Linie Erholung und Vergnügen; er war wirklich als König nicht plötzlich ein neuer Mensch geworden. Nur als Werkzeug in den Händen anderer war er allerdings dank seinen glänzenden geselligen Gaben unbezahlbar.

Dagegen scheinen als die eigentlichen Macher vielmehr die Berufsdiplomaten gelten zu müssen: die Botschafter, die sich an fremden Höfen von fremden Anschauungen vollgesogen hatten; die fest angestellten höheren Beamten des auswärtigen Amtes, die in den formelhaften Traditionen vom Europäischen Gleichgewicht und Ähnlichem befangen sind; die heimgekehrten hohen Kolonialbeamten, die draußen oft genug das Vordringen deutschen Unternehmungsgeistes übel empfunden hatten. Dazu die ehrgeizigen Militärs, die, noch voll Zorn über die ehrenrührigen Angriffe der deutschen Presse auf das britische Heer während des Burenkrieges, auf die Gelegenheit zu zeigen brannten, daß sie auch für uns ein nicht verächtlicher Gegner sein würden; und die Admirale, die in „ihren" Meeren ungern häufiger und häufiger eine neue Flagge sahen. Vielleicht auch noch Andere. Diese also sind es, vor allen jene Berufsdiplomaten, die an der „Einkreisung" schmiedeten, deren Zweck war, Deutschland wehrlos zu machen. Indessen ist daran festzuhalten, daß gerade auch diese Männer in hohem Grade russischen und französischen Anleitungen folgten; wie denn auch dabei die letzte Triebkraft nicht in wirtschaftlichen Gründen lag, sondern der Furcht vor den angeblichen kriegerischen Bestrebungen unsres Kaisers und vor dem politischen Übergewicht Deutschlands entnommen wurde. (Es ist, beiläufig bemerkt gewiß nicht ohne Grund, daß zum Vizekönig von Indien gerade in der Zeit der Russenfreundschaft Charles Hardinge ernannt wurde, der frühere Botschafter in Petersburg (1904—1906), dann, als permanenter Unterstaatssekretär im Auswärtigen Amt (1906—1910) ständiger Reisebegleiter des Königs). Soweit mußten sie natürlich auch die Gutheißung des Auswärtigen Amtes und des Kabinetts haben. Aber von da bis zur Absicht eines kriegerischen Überfalls ist es noch weit. Doch brauchten dann nur auch die verantwortlichen Staatsmänner selbst sich unmerklich an den Gedanken zu gewöhnen, daß früher oder später der Krieg vielleicht unvermeidlich sein werde — anstatt sich mit aller Kraft gegen die bloße Vorstellung zu stemmen — und die psychologische Atmosphäre war da.

Und hier habe ich vor allem Grey im Auge. Churchill, schon in seinem Äußern mehr Amerikaner als Engländer — seine Mutter ist Amerikanerin —, ebenso durch seine Betriebsamkeit und manche andre Eigenschaften, die ihm nachgesagt werden, — Churchill mag an seiner Flotte zielbewußt genug gearbeitet haben. Doch wird der Historiker über Lebende, die er nicht persönlich kennt, sich nur mit Zurückhaltung äußern mögen. Und dies gilt natürlich auch für das Folgende über Grey. Grey: er ist ja oft geschildert worden; der Inbegriff vornehmen Stockengländertums; ein Muster jener zahlreichen Briten, die aus einer unerklärten Scheu vor fremden Umgebungen, fremden Lauten, ihre Insel nie verlassen, und für deren Unwissenheit Deutschland und Rußland Länder ziemlich gleicher Kultur sind. Er ist ein Mann, äußerlich „kühl bis ans Herz hinan": Lieblingserholung das Angeln. Und dennoch entschiedener Anhänger des Frauenstimmrechts: ein Zug, der zu dem Bilde, das man sich in Deutschland von ihm macht, doch wohl wenig paßt. Bewundert wegen der Klarheit seiner Reden; aber höheren Flugs der Phantasie kaum fähig, und ohne das Bedürfnis fernerliegende Wirklichkeiten scharf zu erkennen. Daher französischen und russischen Einflüsterungen zugänglich gegen das unbekannte Deutschland.

Er wähnt, dem Frieden zu dienen, läßt sich aber bei seinem ersten Besuch in Paris — ich folge wieder den deutschen Dokumenten — völlig überrumpeln und steht hilflos da, als sich der Abgrund vor ihm auftut. Daher die Widersprüche, in die er sich vor dem Parlamente und vor den deutschen Diplomaten verwickelt. Er zappelt jetzt selbst an der Angel, die seine französischen und russischen Freunde ihm ausgeworfen. —

Schon aber lagen in den letzten Zeiten Anzeichen vor, daß die politische Lage nach einem neuen Wandel zu drehen auf dem Punkte stand. Während des Balkankrieges hatte sich die in der Natur der Dinge gegebene Interessengemeinschaft Großbritanniens mit Österreich und Deutschland gegen das Vordringen Rußlands von neuem gezeigt und einem Einverständnis über die vorder-orientalischen Dinge zugeführt. Die Stimmung zwischen Deutschland und England war erheblich gebessert. In Persien hatte Rußland den Vertrag von 1907 in unerhörter Weise für sich ausgebeutet. Während England schon aus wirtschaftlichen Gründen die Gesundung Persiens wünschte, aber doch auch, um an ihm einen kräftigen Pufferstaat heranzubilden, hatte Rußland alles getan, um dort das Chaos zu verewigen. Grey war längst stutzig geworden: kein Zweifel, daß sich hier eine ernste Spannung zwischen den beiden Erbfeinden von neuem vorbereitete.

Dieser sich ankündende Wandel in dem Verhältnis Englands zu Rußland einerseits, Deutschland andrerseits hat sicher ganz wesentlich mitgewirkt, die Kräfte, denen an dem bisherigen Zustande und seiner Weiterbildung lag, zu treiben, den Bruch, den Krieg, so bald wie möglich herbeizuführen. Hätte der Friede sich noch ein halb Dutzend Jahre länger erhalten lassen — Moltkes 50 Jahre seit 1871 — so würde er vielleicht auf lange gesichert geblieben sein.

Dazu aber würde man auch ohne den Mord von Serajewo es nicht haben kommen lassen.

Rußland wollte den Krieg, wenn auch unmittelbar nur gegen Österreich und wegen seines eigenen Ansehens auf der Balkanhalbinsel, das es für ein Lebensinteresse mindestens hält. Frankreich sah sich, gewiß nicht ohne Zagen, hineingerissen in den Weltbrand, auf den seine Politiker selbst am nachhaltigsten hingearbeitet hatten. Ohne England freilich mochte man es kaum wagen. Aber England konnte, wie schon in dem ersten Vortrage unserer Reihe gesagt wurde, nach allem, was vorangegangen war, jetzt, wenn die andern losschlugen, „in Ehren gar nicht mehr neutral bleiben" (Rathgen, S. 17). Es konnte sich nur darum handeln, ob es gleich eingriff oder später: die Besetzung Belgiens, der belgische Hilferuf ließen ihm keine Wahl.

* * *

Aber, verehrte Mitbürger, wenn das die Verkettung der Umstände gewesen ist, die mit einer gewissen Notwendigkeit England zum Kriege mit uns geführt hat: ist damit die Sache für uns erledigt?

Nein, ganz gewiß nicht!

So gut es sicher für jeden Einzelnen ist, zu wissen, wie die Dinge gekommen sind, so wertvoll es ist, auch dem Feinde Gerechtigkeit widerfahren zu lassen — und vor allen Dingen sollte der das tun, der sich der Gerechtigkeit seiner Sache bewußt ist, und mag es ihm noch so schwer gemacht werden —: für die Praxis, für unser Handeln ist es ganz gleichgültig, ob England die Verpflichtung gehabt hat, Frankreich beizustehen oder nicht. Für unser Handeln ist das einzig wesentliche die Tatsache, daß es als unser Feind dasteht, und die, daß es uns den Krieg erklärt hat aus gar keinem Grunde, den wir irgendwie als für uns maßgebend anerkennen können.

Und dabei ist ferner zu bemerken, daß England nun nicht etwa ein Feind neben den andern Feinden ist. Sondern es ist tatsächlich für uns der Feind. Und hiermit wird nun die Volksstimme, von der ich vorhin sprach, vollkommen gerechtfertigt. Der Feind: nicht, weil es die andern gegen uns aufgehetzt hätte. Das, wie gesagt, anzunehmen, liegt gar kein Grund vor. Sondern: weil, seitdem einmal die Entscheidung gefallen war, drüben wie eine Sintflut plötzlich alles das gegen uns losgebrochen ist, was an Leidenschaften im Volke seit Jahrzehnten gegen uns kochte, was aber verständige Männer einzudämmen so lange, und wie es schien, nicht ohne Erfolg gearbeitet hatten: das Mißtrauen, geboren aus Unkenntnis; die Handelseifersucht; der persönliche Widerwille gegen unsere wenig diplomatische Art; der unerträgliche Hochmut: alle die Dinge, von denen so oft die Rede gewesen ist.

Alles, was man Übles von Deutschland geglaubt hatte, als dem ewigen Bedroher des Weltfriedens, und was ruhiger Gesinnte und besser Unterrichtete zu glauben sich gesträubt hatten, gewann nun in den Gemütern die Herrschaft. Uns erklären sie für den Störenfried, weil wir nicht noch gewartet hätten, während, wie sie sich von russischen Diplomaten weismachen ließen, Rußland und Österreich noch verhandelten (Telegramm Greys an Goschen vom 1. August 1914, Englisches Weißbuch Nr. 133, und Bunsens zusammenfassender Bericht).

Und auch die Regierenden hat nun diese Leidenschaft ergriffen.

Die Staatsmänner drüben haben, Hand in Hand mit den unsern im Vollbewußtsein ihrer Verantwortung, die langen Jahre daher daran gearbeitet, den Sturm zu beschwören, den Frieden zwischen den beiden Nationen zu erhalten, für die es keinen Konfliktsgrund gab, der wirklich das Lebensinteresse der einen oder andern betroffen hätte. Aber nun der Krieg einmal da war, da packte auch sie der Haß: Asquith, den Meister friedlicher Vermittlung, und Lloyd-George, den eifersüchtigen Hüter der Finanzen. Und er packte sie um so heftiger, je weniger sie den Krieg gewollt hatten; je mehr sie durch den Krieg gestört, wenn nicht zerstört, sahen die Arbeit des Friedens, die weitausschauenden Werke innerer Reformen, denen sie ihr Leben geweiht hatten und in deren Gelingen sie in weit höherem Maße als in irgend welchen äußeren Erfolgen die Gewähr für die gedeihliche Weiterentwicklung des Britischen Reiches erkannten: die Lösung der irischen Frage und der welschen Kirchenfrage, die Reform des Oberhauses, die Schaffung eines Kleinbauernstandes, den vollkommenen Umbau der Verfassung und Verwaltung des ganzen Landes nach der Formel: Home Rule all round, die gründliche Umbildung des Mittelschulwesens. Zu all dem brauchten sie Frieden und blühende Finanzen.

Deshalb ist auch trotz allem der Philosoph Haldane, der Freund deutscher Kultur und deutscher Waldeseinsamkeit, dem Kabinett treu geblieben. Morley und Genossen mag man als ehrliche Leute preisen: sie sind fragwürdige Musikanten. Es wird Haldane bitter hart angekommen sein: aber im Augenblicke allerhöchster Krise darf ein Minister sein Vaterland nicht persönlichen Gefühlen zu Liebe verlassen. Was wäre für den Frieden gewonnen gewesen, wenn nun die Konservativen ans Ruder gelangt wären, dagegen das große Reformwerk vernichtet? Daß auch solche Dinge ihren Augenblick haben, in denen sie vollendet werden müssen oder für immer ungeboren bleiben, hatte die Geschichte des jüngeren Pitt gelehrt. —

Nun aber, da sie uns die Schuld zuschieben, so haben auch diese Männer — und das ist allein das für uns Bestimmende — sie haben sich das Wort gegeben — und neben ihnen die höchsten Vertreter der Intelligenz —, und sie fordern das Volk dazu auf, nicht zu ruhen und nicht zu rasten: bis ausgerottet ist das, was sie unsern Militarismus nennen und worauf unsere Stärke und unsere Geltung in der Welt beruhen, — so lange wir uns nicht genügen lassen wollen, als gelehrte und brave, manchmal auch nützliche, neuerdings aber öfter lästige Vettern aus der Provinz am Hofe des großen Herrn behandelt zu werden.

Ja, sie bilden sich ein, auf Grund einiger vergangener Äußerungen, daß die gebildeteren Deutschen selbst den „Militarismus" satt haben und England als Befreier begrüßen würden. Aber wir Deutschen, wir wissen, was wir Friedrich dem Großen zu verdanken haben, als er in ganz ähnlicher Lage zum Schwerte griff, um den verschworenen Gegnern zuvorzukommen. Und wir wissen, was auch für unsere höchste und feinste Bildung seine Tat bedeutet hat: ohne Friedrich kein Goethe, wie ohne Elisabeth kein Shakespeare!

Aber sie, sie wollen uns vernichten, und sie wollen das mit ganz anderm sittlichen Nachdruck als Frankreich oder Rußland.

Denn die Ansicht ist falsch, daß England von seiner alten Höhe herabgesunken sei. Der Vergleich mit dem Römischen Reiche hinkt, das vor seinem Falle nur noch Bürger im Rechtssinn, keine wirklichen Bürger mehr besaß. Dem oberflächlichen Beobachter des heutigen Zustandes fallen nur die noch nicht abgestoßenen toten Hüllen einer früheren Epoche zuerst in die Augen.

Deshalb ist es auch wenig angebracht, zu spotten über die britischen „Söldner" und über die Geringfügigkeit dessen, was England mit all seiner Macht in diesem Kriege bisher geleistet hat. England ist noch nie angemessen gerüstet in einen Krieg gegangen. Eben daran aber arbeiten die Minister ja jetzt, den Krieg nicht bloß mit Berufssoldaten zu führen, sondern das ganze Volk zu erwecken zum Bewußtsein der gewaltigen Dinge, die auf dem Spiele stehen. Auch für Britannien handelt es sich um Sein oder Nichtsein. Und sie arbeiten daran keineswegs ohne Erfolg. Im ersten Monat haben sich über 400000 Freiwillige gemeldet: keine geringe Zahl für ein kriegsungewohntes Volk. Und in ähnlichem Maßstab ist es seitdem weiter gegangen. Und diese Freiwilligen sind durchaus nicht bloß stellenlose Arbeiter, sondern sie gehören zu einem guten Teil den höchsten und gebildetsten Kreisen an. Aber auch in den mittleren haben sehr viele ihre gutbezahlten Stellungen aufgegeben, um für das Vaterland zu fechten. Nur fehlt es natürlich ganz und gar an Cadres und an Sachmaterial, um die Ausbildung und Ausrüstung so ungewohnt großer Mengen sogleich erfolgreich in die Hand zu nehmen. Spät muß jetzt das britische Volk die versäumten Lehren des Burenkrieges wohl oder übel nachholen. Aber an der Kraft, das zu tun, fehlt es ihm nicht.

Alle diese Leute glauben in der Tat, daß sie kämpfen werden für Kultur und Freiheit des Menschengeschlechts, indem sie unsre Macht zerstören. Und so sind sie mit den Ministern einig, nicht abzulassen, bis dies Ziel erreicht ist, ohne Rücksicht darauf, welche Folgen übrigens für die Welt daraus hervorgehen mögen. Und eben deshalb, wegen dieses Zieles, und weil es ihnen damit eine viel ernstere Sache ist als dem russischen Volke oder gar dem französischen: deshalb ist England für uns der Feind. Und da es uns diesen Handschuh hingeworfen, da es uns diesen Kampf bis aufs Messer angekündigt hat: so müssen wir den Handschuh aufnehmen und ebenfalls dahin streben, vor allem mit England Abrechnung zu halten.

Gelingt uns das, meine Mitbürger, dann aber wollen wir England auch ganz und gar nicht gram sein, daß es uns mit Krieg überzogen hat. Denn gelingt uns diese Abrechnung, und wollen wir uns auch einmal daran machen, Vorteile und Nachteile gegen einander abzuwägen, so konnte uns — wenn uns denn einmal der friedliche Weg verschlossen sein soll — und wiederum hat die Volksstimme recht, — so konnte uns in der Tat nichts besseres zuteil werden als ein siegreicher Krieg eben mit England. Was konnte uns denn ein Krieg nur mit Frankreich und Rußland einbringen, das die ungeheuren Opfer, die auch er uns auferlegte, wirklich wert war? Einige französische Kolonien, eine Kriegsentschädigung, um einigermaßen die finanziellen Opfer auszugleichen; eine Schwächung des politischen Gewichts Rußlands: würde das wirklich ein Ersatz für die furchtbaren Opfer gewesen sein, die wir haben bringen müssen? Hätte nicht England aus unseren Anstrengungen vielleicht noch größeren Nutzen gezogen? Und dann: Frankreich und Rußland waren schon früher besiegte Gegner: Frankreich durch uns, Rußland durch Japaner, Türken und andere. Ein Sieg über England dagegen — ich will das im einzelnen nicht ausmalen — da winkt ein Siegespreis, um den es sich wirklich zu kämpfen lohnt. So groß wird das Ansehen sein, das Deutschland dadurch in der Welt gewinnen wird: in der ganzen Welt. Wir werden dann auf sicheren Füßen dastehen als die erste unter den Großmächten, zu der zahlreiche kleinere Mächte als zu ihrer Beschützerin emporblicken werden.

Wenn es dann aber gelungen ist — wir hatten hoffen dürfen, daß es im Laufe der Jahre im friedlichen Wettbewerb gelingen würde — statt dessen durch den Hieb des Schwertes uns die Anerkennung vollständiger Gleichberechtigung zu erringen — und das *werden* wir tun — dann dürfen wir hoffen, daß in unserem Verhältnis zu England das Jahr 1914 zu einem 1866 wird. Und das wollen und müssen wir hoffen. Denn beide Völker haben noch viel von einander zu lernen. Aus einem Vernichtungskampf zwischen Deutschland und England aber könnte nur die Vernichtung der europäischen Kultur hervorgehen — auch in Asien und Afrika — eben auch dessen, was England selbst Großes dort geschaffen hat.

Und deshalb wollen wir hoffen, daß sie drüben bald *zur Besinnung kommen*, und sich *abwenden von der falschen Politik*, die in diese Sackgasse geführt hat, aus der nur der Krieg den Ausgang gab.

Wir unsererseits werden alles daran setzen „bis aufs Äußerste", *bis wir erkämpft haben, was uns zukommt.*

FSC
www.fsc.org
MIX
Papier | Fördert
gute Waldnutzung
FSC® C083411

Zeitfracht Medien GmbH
Ferdinand-Jühlke-Straße 7
99095 Erfurt, Deutschland
produktsicherheit@kolibri360.de